BEI GRIN MACHT SICH IHR WISSEN BEZAHLT

- Wir veröffentlichen Ihre Hausarbeit, Bachelor- und Masterarbeit

- Ihr eigenes eBook und Buch - weltweit in allen wichtigen Shops

- Verdienen Sie an jedem Verkauf

Jetzt bei www.GRIN.com hochladen und kostenlos publizieren

Behandlung und Einfügung der Lieferantendokumentation in die Gesamtdokumentation einer Anlage

Dieter Stötefalke

Bibliografische Information der Deutschen Nationalbibliothek:

Die Deutsche Nationalbibliothek verzeichnet diese Publikation in der Deutschen Nationalbibliografie; detaillierte bibliografische Daten sind im Internet über http://dnb.d-nb.de abrufbar.

ISBN: 9783668238459
Dieses Buch ist auch als E-Book erhältlich.

Coverbild: nikkytok @Shutterstock.com

© GRIN Publishing GmbH
Nymphenburger Straße 86
80636 München

Druck und Bindung: Books on Demand GmbH, Norderstedt Germany
Gedruckt auf säurefreiem Papier aus verantwortungsvollen Quellen

Das Buch bei GRIN: https://www.grin.com/document/324165

Behandlung und Einfügung der Lieferantendokumentation in die Gesamtdokumentation einer Anlage- / Maschine

Inhalt

1. Zielgruppe und Thema

Das Buch richtet sich ausschließlich an Technische Redakteure im Maschinen- und Anlagenbau und bezieht sich auf das Thema Einbindung von Dokumentationen der Unterlieferanten in die eigene Gesamtdokumentation unter Berücksichtigung von rechtlichen und wirtschaftlichen Aspekten. Es geht um dokumentationsrelevante Zukaufteile wie beispielsweise Getriebe oder Motoren.

In dem Buch wird unter anderem die EG-Maschinenrichtlinie angesprochen, die in Deutschland durch das Produktsicherheitsgesetz in nationales Recht umgesetzt worden ist. Die Hinweise in dem Buch hinsichtlich dieses Gesetzes gelten natürlich nur für Maschinen, die innerhalb des europäischen Wirtschaftsraumes (EWR) sowie der Schweiz und der Türkei in Verkehr gebracht wurden.

Ich weise im Rahmen der juristischen Aspekte ausdrücklich darauf hin, dass ich jegliche Verantwortung für Schaden, die aus der Befolgung meiner Vorschläge resultieren, keine Haftung übernehme. Ebenso stelle ich klar, dass die ausschließliche Abarbeitung meiner aufgelisteten Maßnahmen natürlich nicht ausreichend sein wird, um sich und seinen Arbeitgeber vor etwaigen Sanktionen zu schützen.

2. Juristische Situation

2.1 Gesetzliche Situation

Die gesetzliche Situation ist auf den ersten Blick oft unklar. Denn eine privatrechtliche oder vertragliche Vereinbarung zwischen Zulieferer und Anlagenhersteller muss in Einklang zu gesetzlichen Regelungen stehen.

Das Geräte-und Produktsicherheitsgesetz (GPSG) ist Teil des Öffentlichen Rechts. Das Produkthaftungsgesetz (ProdHaftG) entstammt dem Zivilrecht (Deliktsrecht).

Ein Verstoß gegen eines der beiden Gesetze kann ein Bußgeld von bis zu 85 Millionen Euro oder eine Freiheitsstrafe von bis zu einem Jahr zur Folge haben.

Strafrechtliche Konsequenzen gegenüber Einzelpersonen sind ebenfalls möglich - ganz gleich, ob der Verantwortliche zwischenzeitlich das Unternehmen gewechselt hat.

Die EG-Maschinenrichtlinie als 9. VO des GPSG kommt in ihrer Wirkung einem Gesetz sehr nahe. Die MRL besitzt Gültigkeit auch außerhalb der EU-Länder (Australien, Neuseeland).

2.2 Schwerpunkte der MRL

Laut MRL 98 / 37 EG, 1.7.4.b. und Erläuterungen Punkt 556 ist der Anlagenhersteller in Bezug auf die Zuliefererdokumentation zu Folgendem verpflichtet:

⇒   „… bei seinen Zulieferern die notwendigen Informationen einzuholen … Ein einfaches Beilegen reicht in der Regel nicht aus."

⇒   „… Übersetzung dieser Betriebsanleitung in der oder den Sprache (n) des Verwendungslandes mitgeliefert …"

Auch nach der neuen MRL 06 / 42 EG haben diese Pflichten weiterhin Bestand.

2.3 MRL für Zulieferer

Da die MRL auch für Zulieferer gilt, ist die Bereitstellung einer Lieferantendokumentation gesetzlich vorgeschriebenen. Dennoch ersetzt die MLR weder sorgfältiges noch kontrollierendes Arbeiten.

Anzahl oder Sprache der Betriebsanleitung sind kein Bestandteil der MRL und müssen vertraglich zwischen Anlagenhersteller und Zulieferer geregelt werden.

3. Regelwerke

3.1 DIN Fachbericht 146

Die Aufgabe des DIN Fachberichts 146 besteht darin, MRL und DIN EN 62079 für den Anlagenbau miteinander zu verbinden. Der Fachbericht trägt zu einer stärkeren rechtlichen Sicherheit bei, wodurch realistische Lösungen schneller auszumachen sind. Dabei hält der Fachbericht nicht nur Selbstverständliches fest, sondern beantwortet auch Fragen zu folgenden Themen:

⇒ Abhängigkeit des Integrationsgrads von der Qualifikation des Personals

⇒ Verweis auf nicht integrierte Dokumente

⇒ Pflicht zur Definition der Zielgruppen

Laut Fachbericht ist eine vollständige Integration der Zuliefererdokumentation in die Gesamtdokumentation unnötig, sofern die Zielgruppe entsprechend qualifiziert ist.

3.2 Weitere Regelwerke

⇒ Produktbeobachtungspflicht (insbesondere Honda-Entscheidung des BGH, 09.12.1986, Az.: VI ZR 65/86)

⇒ DIN EN 82079, Erstellen von Gebrauchsanleitungen - Gliederung, Inhalt und Darstellung - Teil 1: Allgemeine Grundsätze und ausführliche Anforderungen Gliederung, Inhalt und Darstellung

⇒ EN ISO 12100, Sicherheit von Maschinen

⇒ VDI 4500, Technische Dokumentation

⇒ ANSI Z 535.1–6 (nicht nur für den US-Markt lesens- und wissenswert)

⇒ tekom Richtlinie zur Erstellung von Sicherheitshinweisen

⇒ DIN 31051, Grundlagen der Instandhaltung – Begriffe und Maßnahmen

⇒ DIN 31052, Instandhaltungsanleitung

⇒ DIN EN 13306, Begriffe der Instandhaltung (dreisprachig)

4. Anforderungen an die Lieferantendokumentation

4.1 Formale Anforderungen

⇒ Sprache des Verwenderlandes

⇒ Einbindungsfähige Dateien in PDF

⇒ Rechtzeitiger Eingang

⇒ Gekennzeichneter Typ

4.2 Inhaltliche Anforderungen

Die Lieferantendokumentation muss stimmig, korrekt und ausführlich sein. Alle Informationen, die für ein sicheres Betreiben notwendig sind, müssen aufgeführt sein.

4.3 Eingangskontrolle der Dokumentation

Vollzähligkeit und inhaltliche Qualität der Lieferantendokumentation werden im Rahmen der Eingangskontrolle geprüft. „Auffällige" Betriebsanleitungen unterliegen der Kontrolle eines Kurz-Checks. Die Beurteilung kann etwa 30 Minuten in Anspruch nehmen, das Ergebnis erhalten Zulieferer und Einkauf. Die Kurz-Checkliste umfasst acht Punkte:

⇒ Anlagenherstellerdaten

⇒ Produktdaten

⇒ Struktur und Anordnung

⇒ Gestaltung

⇒ Sicherheitshinweise

⇒ Informationen

⇒ Sonstiges

⇒ Gesamteindruck

4.4 neutrale Schiedsstelle

Kommt es zu keiner Einigung zwischen Zulieferer und Anlagenhersteller, kann eine neutrale Schiedsstelle (zum Beispiel DocLab von TÜV Süd) weiterhelfen. Das Prüfinstitut bekommt den Auftrag, die Lieferantendokumentation anhand eines Gutachtens zu beurteilen. Das bedeutet zusätzliche Kosten, vermeidet aber überflüssige Diskussionen, Rechtsstreitigkeiten und Terminprobleme

4.5 Beurteilung der Lieferanten

Die Lieferantenbeurteilung erfolgt durch:

⇒ „Hard facts": Kosten, Termintreue, Qualität

⇒ „Soft facts": Kooperationsbereitschaft, Innovationsbereitschaft

Die Qualität der Lieferantendokumentation fließt in die Kaufentscheidung mit ein. Der Kaufpreis entsteht abhängig von dem Beurteilungsergebnis.

5. Möglichkeiten der Ablaufoptimierung

5.1 Problematische Realität

Die Anforderungen aus MRL und dem DIN Fachbericht 146 werden selten erfüllt. Oft beschränkt sich die Einbindung von Lieferantendokumentationen auf die Übernahme des Inhaltsverzeichnisses. Selten werden Vollständigkeit und Qualität konsequent geprüft. Dadurch entstehen häufig unkalkulierbare Folgekosten, besonders bei der späteren Übersetzung.

5.2 Papierform und PDF

Laut Gesetz muss der Anlagenhersteller die Lieferantendokumentation mindestens in Papierform erhalten. Üblicherweise aber speichert der Zulieferer die erstellte Dokumentation als PDF. Der Anlagenhersteller bekommt die Dokumentation dann in Papierform. Entweder archiviert der Anlagenhersteller die Papierversion, oder scannt die Papierversion zur Archivierung als PDF-Datei wieder ein.

Das zieht Risiken nach sich, da der Anlagenhersteller nicht sicher gehen kann, dass die Papierversion genau mit der PDF-Datei übereinstimmt.

Der Weg zu „nur PDF" und Druck beim Anlagenhersteller scheitert oft an unvollständigen, meist nicht automatisiert weiterverarbeitbaren PDFs.

Der Weg zu „nur PDF" erfordert Folgendes:

⇒ Papierausführung in den benötigten Sprachen und der benötigten Anzahl werden bestimmt durch Rahmenverträge und Bestellungen

⇒ Dem Zulieferer wird – mündlich – die Möglichkeit angeboten, die Dokumentation nur als PDF zu senden

⇒ Jeweils eine PDF-Datei für eine Bestellposition (Baugruppe, Gerät) / Aufteilungen in Anleitung, Zeichnungen oder Datenblatt sind inakzeptabel

⇒ Die PDFs müssen vollständig ausgefüllte Dokumenteigenschaften besitzen und dürfen keinerlei Dokumenteinschränkungen aufweisen

⇒ Eine einmalige Lieferung der PDF-Datei ist möglich / Anstatt der projektbezogenen Lieferung ist zusätzlich eine projektbezogene E-Mail mit dem eindeutigen Bezug auf die Bestellung (Material) und zu den PDFs (Dateiname, Version) erforderlich / Die Versionskontrolle bleibt beim Zulieferer

⇒ Der Ausdruck erfolgt beim Anlagenhersteller

Dieser Weg muss offen mit dem Zulieferer besprochen werden.

5.3 Übersetzung

Die Dokumentation wird entweder auf Kundenwunsch oder nach den Vorgaben der MRL in gewünschter Sprache und Anzahl beim Zulieferer angefordert. Kann der Zulieferer nicht in gewünschter Sprache liefern, fordert der Anlagenhersteller bei ihm ein Angebot zur Übersetzung an.

Das Projektmanagement des Zulieferers regelt bei Fragen zu Übersetzungsbüros, Datenformaten, Kostenrahmen, Umfang und Angebot durch das Übersetzungsbüro.

Den Auftrag an das Übersetzungsbüro vergibt der Zulieferer und trägt damit auch die Kosten. Ob und inwieweit sich der Anlagenhersteller an den Kosten beteiligt, bleibt Verhandlungssache.

Der Zulieferer ist verantwortlich für die vollständige und richtige Übersetzung.

6. Qualität

Der Anlagenhersteller ist verantwortlich für die Qualität der Anlage. Passiert ein Fehler in der Betriebsanleitung, ist das ein Produktfehler. Der Anlagenhersteller ist daher mitverantwortlich für die Qualität der Lieferantendokumentation. Folgende Maßnahmen können die Qualität der Lieferantendokumentation steigern:

⇒ Teilnahme an Gesprächen von Einkauf und Zulieferer

⇒ Sonderregelungen für Baustellendokumentationen und Vorabversionen

⇒ Detaillierte Vorgaben für Verfahren

⇒ Detaillierte Vorgaben für Dateiformate

⇒ Vorgaben für PDFs –Version, Sicherheit, Metadaten

⇒ Klärung urheberrechtlicher Themen – Pflicht zur Integration laut MRL und DIN Fachbericht 146

⇒ Unterstützung bei Dokumentationsproblemen

⇒ Telefonische Unterstützung

⇒ Vermittlung von Dokumentationsdienstleistern

⇒ Kontakt zu Übersetzungsbüros

⇒ Leitfaden „Hinweise zur Dokumentationserstellung"

⇒ Bereitstellung einer Word-Vorlage für (einfache) Betriebsanleitungen

7. Tiefe der Lieferantendokumentation

7.1 Problematik

Oft lässt die Zusammenführung eigener Texte mit der Dokumentation des Zulieferers die Gesamtdokumentation im Umfang ausufern. Es besteht daher die Gefahr, die Lieferantendokumentation in folgenden Punkten zu kürzen:

- ⇒ Warnhinweise
- ⇒ Informationen über andere Typen
- ⇒ Informationen, die sich auf die konstruktive Auswahl eines Teils beziehen
- ⇒ Informationen, die sich auf die Montage / Programmierung beziehen

Die Veränderung von Lieferantendokumentationen stellt immer ein Risiko dar. Die Person, die Veränderungen und Kürzungen vornimmt, trägt die Verantwortung. Im Schadensfall kann sich der Zulieferer darauf berufen, dass bei ihm eine Regressnahme nicht möglich sei. Denn die Dokumentation wurde so verändert, dass nicht mehr der Zulieferer, sondern man selbst „Autor" der Lieferantendokumentation ist.

Maßgeblich ist die Frage, ob nach der Veränderung alle Hinweise vorhanden sind, die für einen ordnungsgemäßen und – noch wichtiger – sicheren Betrieb des (End-)Produktes vorhanden sind. Sind die wesentlichen Inhalte aus der Lieferantendokumentation übernommen worden, bleibt das Haftungsrisiko gering.

7.2 Lösung

Die Beurteilung, was als „wesentlich" gilt, stellt das zentrale Problem dar. Wie im Ernstfall Gutachter und Gerichte diese Frage beurteilen, kann nicht vorhergesehen werden. Aus diesem Grund müssen folgende Fragen geklärt sein:

- ⇒ Wer sich unnötig in Gefahr begibt, kommt in ihr um! Soweit auch nur minimale Unsicherheit besteht, ob etwas „wesentlich" ist, sollte es auf jeden Fall übernommen werden – und auch möglichst in Form und Umfang weitgehend unverändert.
- ⇒ Also: Im Zweifel Übernahme der Dokumentationen des Zulieferers eins-zu-eins!
- ⇒ Informationen, die definitiv nicht für den Endabnehmer verwendbar sind, sind zu vernachlässigen. Dies kann beispielsweise für technische Designdaten gelten, für Informationen über andere Typen (Beispiel: Produktkataloge), oder auch für Informationen über die konstruktive Auswahl der Teile (Berechnungsgrundlagen)
- ⇒ Alle auch nur unter bestimmten Bedingungen für den Endnutzer erforderlichen Informationen müssen in die eigene Dokumentation übernommen werden

8. Einbindung in die Gesamtdokumentation

8.1 Bedingungen für die Einbindung

- ⇒ Die Dokumentation muss strukturiert und zusammenhängend sein
- ⇒ Die Struktur muss in einem Inhaltsverzeichnis abgebildet werden
- ⇒ Die Dokumentation kann aus verschiedenen Dateien und Dokumenten bestehen
- ⇒ Es müssen alle Informationen enthalten sein, die der Endbetreiber für den sicheren Betrieb, der sicheren Instandhaltung und der Störungsbehebung benötigt
- ⇒ Es muss eine Liste aller relevanten Ersatz- und Verschleißteile inklusive Festpreisen für eine Zeitdauer von 24 Monaten enthalten sein
- ⇒ Es müssen alle Informationen enthalten sein, die der Anlagenhersteller für einen sicheren Ein- und Anbau des Lieferumfangs sowie die sichere Durchführung der Energieanschlüsse benötigt
- ⇒ Für Ausführung und Inhalt der Dokumentation gilt die aktuelle Fassung der MRL
- ⇒ Word-, Excel-und PDF-Dateien sind möglich
- ⇒ PDF-Dokumentationen dürfen schreibgeschützt sein, sie müssen sich aber in übergeordnete (Anlagen-) Dokumentationen einbinden lassen
- ⇒ Bei Sammeldokumentationen, wie Katalogen, muss der verwendete Typ gekennzeichnet sein
- ⇒ Das Dokumentationsformat ist grundsätzlich A4, Zeichnungen können nach Absprache in anderen Formaten geliefert werden
- ⇒ Die Schriftgröße beträgt mindestens 10 pt
- ⇒ Die vollständige Dokumentation muss in den geforderten Sprachen geliefert werden
- ⇒ Können bestimmte Dokumente (Zeichnungen) nicht in die geforderte Sprache übersetzt werden, ist eine beiliegende Tabelle nötig, in der die deutschen Begriffe in die geforderte Sprache übersetzt sind
- ⇒ Entspricht eine inhaltliche Prüfung der Dokumentation nicht dem geforderten Standard, gilt die Dokumentation gemäß § 434 Abs. 3 BGB als unvollständig
- ⇒ Unvollständigkeit bedeutet: falsche oder fehlende Sprache, nicht gekennzeichnete Sammeldokumente oder PDF-Dokumente, die nicht in eine Gesamtdokumentation eingebunden werden können
- ⇒ Die Honorierung erfolgt erst bei Vollständigkeit

8.2 Lösungsmöglichkeiten

Welche Lösungsmöglichkeiten bieten sich an, die Zulieferer-Dokumentation nach den gesetzlichen Vorgaben und vollständig bereitzustellen?

8.3 Ziel

Das Ziel gilt als erfüllt, wenn mindestens ein Exemplar pro Sprache gedruckt vorliegt, und die Dokumentation auf einer PDF-Datei beruht.

Möglichkeit I

1. Ausdruck der eigenen Dokumentation
2. Einfügen der Fremddokumentation
3. Einscannen der kompletten Dokumentation
4. Nachteil: große Datenmenge

Möglichkeit II

1. Umwandeln der eigenen Dokumentation in PDF
2. Einfügen der Fremddokumentation als PDF
3. Ausdruck
4. Nachteil: Wenn die eigene Dokumentation einseitig ausgelegt ist, besteht das Problem darin, ob die Fremddokumentation doppelseitig oder einseitig ausgedruckt wird

Möglichkeit III

1. Ausdruck der eigenen Dokumentation
2. Umwandeln der eigenen Dokumentation in PDF
3. Einfügen der Fremddokumentation als PDF
4. Einfügen der Fremddokumentation in Print-Fassung
5. Nachteil: Großer Aufwand, da die Dokumentation nicht vollständig ausgedruckt werden kann, sondern nur Element für Element

9. SAP

In einem System wie SAP können für dokumentationsrelevante Elemente Nummern
angelegt werden. Jeweils eine Nummer gehört einem Element. Elemente können
Folgendes sein:

- ⇒ Sprache
- ⇒ Dokumentationsart (Montageanleitung, Bedienungsanleitung,
  Wartungsanleitung, Sicherheitsdatenblätter, Konformitäts- /
  Anlagenherstellererklärung)
- ⇒ unterschiedliche Lieferformen (Handbuch, Beipackzettel, PDF, Help-Datei)

Mit der Hilfe von SAP sind Bestellungen leicht zu verfolgen, zu reproduzieren und zu
korrigieren. Der Wareneingang kann protokolliert werden und fehlende
Dokumentationselemente werden automatisiert angemahnt.

10. Über den Autor

Dieter Stötefalke *1962, ist Technischer Redakteur seit 1991. Er hat in Maschinen- und Anlagenbau-Firmen in Ostwestfalen-Lippe als Sachbearbeiter, Gruppen- und Abteilungsleiter gearbeitet und ist aktuell in einer Maschinenbaufirma im Kreis Gütersloh beschäftigt. Er hat 1996 den Arbeitskreis Technische Dokumentation der IHK Ostwestfalen zu Bielefeld gegründet, deren ehrenamtlicher Vorsitzender seit der Gründung ist. In XING ist er seit 2004 Moderator des Forums Technische Dokumentation mit aktuell (2016) 3800 Mitgliedern.

Nebenberuflich arbeitet er als Dozent und Berater im Bereich Technische Dokumentation mit den Schwerpunkten Redaktionssystem, Dokumentationsstruktur und Persönliche Haftung sowie Risikobeurteilung.

■ Stötefalke – Consulting ■

Prozessorientierte Beratung - Schulung

www.stoetefalke-consulting.de

mail@stoetefalke-consulting.de

11. Index